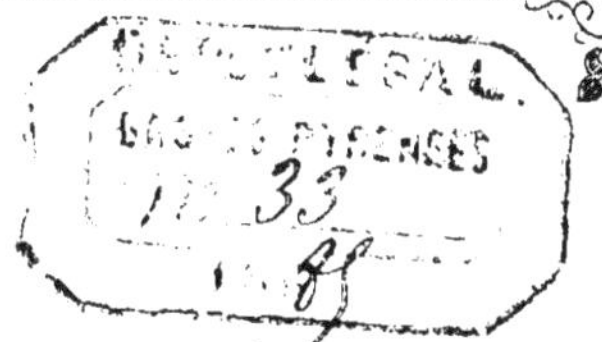

LA PÉRIPNEUMONIE CONTAGIEUSE

DANS LES

ÉTABLES DES BASSES-PYRÉNÉES

PAR

H. de MORTILLET
Professeur départemental d'Agriculture

« Qui n'a santé n'a rien. »

Prix : 1 fr. 50

PAU
IMPRIMERIE GARET, RUE DES CORDELIERS, 11
1885

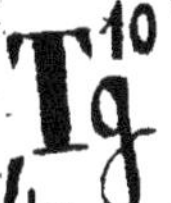

LA

PÉRIPNEUMONIE CONTAGIEUSE

DANS LES BASSES-PYRÉNÉES

LA

PÉRIPNEUMONIE CONTAGIEUSE

DANS LES

ÉTABLES DES BASSES-PYRÉNÉES

PAR

H. de MORTILLET

Professeur départemental d'Agriculture

« Qui n'a santé n'a rien. »

Prix : 1 fr. 50

PAU

IMPRIMERIE GARET, RUE DES CORDELIERS, 11

—

1885

AVANT-PROPOS

Tout écrit, pour être digne de paraître en public et d'attirer l'attention du lecteur, doit poursuivre l'un des trois buts suivants, savoir : *distraire, éclairer* ou *prouver*. Celui-ci n'est ni magistral, ni doctoral, ni scientifique ou littéraire ; la simplicité est son cachet.

Il s'adresse aux éleveurs et aux possesseurs de bêtes bovines ; il ambitionne aussi l'attention du métayer et de tout agent agricole ou cultural préposé à la surveillance quotidienne d'une étable ou à la garde journalière de ses habitants. Il aspire à se répandre parmi la population des campagnes ; à pénétrer dans l'école du village, afin d'initier à la fois le cultivateur et l'écolier, le père et l'enfant, aux notions exactes et précises, trop peu répandues, hélas ! d'une maladie contagieuse, de la Péripneumonie, qui a fait de nombreuses victimes, depuis les vingt dernières années, parmi les bêtes à cornes des Basses-Pyrénées. Veut-on des chiffres ? en voici : A la fin de la seule année 1882, le département cité n'a pas compté moins de 1376 animaux abattus à la suite des atteintes du fléau, et le mal, loin de diminuer, allait en empirant. Les indemnités payées par l'Etat aux propriétaires de ces 1376 têtes de bétail s'élevèrent pour l'année indiquée, à la somme de 77,137 fr. Enfin, en l'espace de deux ans, du premier juillet 1882 aux premiers jours du même mois de l'année 1884, le budget départemental, pour faire face aux mémoires présentés par MM. les vétérinaires délégués et sanitaires, fut grevé d'une somme de 88,175 fr.

En présence de ces chiffres, dont l'authenticité ne supporte pas l'ombre d'un doute, il n'est pas surprenant de voir l'éleveur et le cultivateur compter avec les chances d'invasion de la terrible épizootie et redouter pour ses étables l'apparition de la contagion. Le premier, journellement menacé de subir de grosses pertes, ne se livre plus qu'avec réserve et timidité à des spéculations d'autant plus chanceuses et hasardées que le fléau frappe plus près de sa porte. Le second envisage avec effroi la gêne ou la misère prêtes à hanter son foyer par suite de la perte inattendue d'un ou de plusieurs de ses compagnons de travail et de labeur. L'indemnité, en effet, accordée par l'Etat aux propriétaires d'animaux abattus, est un secours impuissant à dédommager le cultivateur des pertes éprouvées ; mais elle grève lourdement le trésor public et constitue une charge onéreuse pour le budget départemental.

On le voit : la question de la péripneumonie en Béarn, envisagée sous toutes ses faces, est digne d'attirer l'attention des hommes soucieux de résoudre les problèmes de l'économie rurale et jaloux de contribuer à l'extinction radicale dans l'un des plus beaux départements de France, d'une maladie virulente, funeste à une des branches de l'agriculture, classée parmi les plus rémunératrices et les plus fécondes en profit. Il ne suffit donc pas d'enrayer la maladie par des demi-mesures, il faut encore la frapper à mort dans son germe en abattant inexorablement toutes les têtes atteintes par la contagion et en inoculant consciencieusement tous les sujets contaminés. Alors, mais seulement alors, on verra l'éleveur reprendre courage et se lancer de nouveau hardiment dans des spéculations basées sur l'exploitation des bêtes bovines. Alors aussi le laboureur pyrénéen, affranchi de la perspective de perdre ses animaux de trait au moment même où les exigences de la culture rendent leurs services impérieux pour ne pas dire indispensables, reprendra courage.

Du désir de précipiter un pareil dénouement de la crise actuelle est né ce modeste travail. Le lecteur y apprendra à connaître la nature, l'origine, la cause réelle et les progrès de la maladie péripneumonique ; il y lira les moyens prophylactiques préconisés et mis en œuvre pour lutter contre le fléau ; enfin, il s'y initiera aux dispositions de la loi du 21 juillet 1881 sur la police sanitaire des animaux domestiques.

Le but de cet écrit indiqué, la difficulté est de réaliser le programme annoncé sans trop de fatigue ou d'ennui pour le lecteur, à la bienveillance duquel nous nous recommandons dans le cas où il aurait eu à éprouver l'un ou l'autre de ces inconvénients. Cette bienveillance, nous osons la croire acquise, si le juge de qui nous l'implorons veut ne pas s'arrêter aux imperfections de style et de rédaction, mais considérer seulement la pensée motrice de ces lignes.

PÉRIPNEUMONIE CONTAGIEUSE

Définition.

Cette maladie est particulière à l'espèce bovine. C'est une affection générale, épizootique, contagieuse et virulente. Elle est caractérisée par des lésions de la plèvre et du poumon, dont les symptômes de début peuvent être confondus avec ceux de la péripneumonie ordinaire, de la pneumonie, de la pleurésie et de la phtisie. Un de ses attributs distinctifs est son inoculabilité ou sa transmissibilité naturelle ou artificielle.

Synonymes.

Suivant les parties attaquées du poumon, la maladie a reçu différentes appellations qu'il importe d'enregistrer. S'agit-il des lésions sur le tissu ou parenchyme pulmonaire, on donne à l'affection le nom de *pneumonie* ; celui de *péripneumonie* si l'enveloppe seule du poumon est atteinte ; enfin, on appelle *pleuropneumonie* l'inflammation simultanée de la plèvre et du poumon. Les hommes des champs ne lui reconnaissent d'autre dénomination que celle de *maladie de poitrine du gros bétail*.

Si au lieu de considérer la partie de l'organe attaqué, on envisage seulement la nature des lésions, on trouve dans les recueils et les ouvrages de médecine vétérinaire la péripneumonie accompagnée des qualificatifs de *maligne*, *épizootique*, *contagieuse*, *gangreneuse* et enfin recevoir du professeur Gluge l'épithète *d'exsudative*, qui lui convient parfaitement.

Caractères de la maladie.

De longues dissertations à ce sujet dépasseraient les limites d'une étude rapide et écrite pour les masses rurales. C'est affaire à MM. les vétérinaires diplômés de discourir *ex professo* sur ces matières de médecine purement spéculative. Qu'il suffise de constater que la bête bovine, sous l'influence des premières atteintes de la péripneumonie, donne lieu aux constatations suivantes : *A la période de début ou d'augment*, l'animal est triste et abattu ; son appétit diminue plus ou moins, devient capricieux ; mais ce premier indice, caractérisé seulement par des mouvements moins énergiques et moins précipités des mâchoires, n'est, la plupart du temps, appréciable que pour la personne habituée à soigner les animaux.

Sa rumination ne se fait plus régulièrement ; elle est moins fréquente et moins longue ; souvent on voit se produire des cas de météorisation.

Les excréments sont secs et peu abondants.

Sa respiration se modifie, s'accélère, se montre moins régulière ; une toux légère, sèche et plaintive, se déclare. La poitrine devient douloureuse à la pression et à la percussion ; l'auscultation ne donne pas encore des renseignements bien précis, cependant elle permet de constater une exagération de l'intensité du murmure respiratoire.

Les muqueuses apparentes, la conjonctive surtout, sont injectées et fortement colorées.

Chez les femelles en état de lactation, on constate toujours une diminution notable dans la sécrétion mammaire.

Les animaux ne s'étirent plus après le décubitus, comme dans l'état de santé.

Le poil perd son luisant, se pique et se hérisse ; la peau devient plus sèche et plus adhérente aux parties sous-jacentes.

De tous les symptômes ci-dessus énoncés, aucun, pris isolément, ne peut être considéré comme véritablement pathognomonique du début de la maladie ; mais tous réunis indiquent suffisamment une affection des voies respiratoires et si l'on a des renseignements sur l'existence antérieure de la péripneumonie dans l'habitation ou dans la localité où ils se manifestent, les probabilités qu'ils entraînent équivalent presque à la certitude.

La durée de cette période est ordinairement de deux à cinq jours. Parfois, arrivée à cet état de choses, l'affection n'empire pas et a sa résolution dans la guérison, au moins apparente, du malade. Souvent aussi elle s'aggrave et arrive à son apogée ; à une phase où elle est franchement caractérisée, elle entre dans sa période d'état.

PÉRIODE D'ÉTAT. — Sous l'empire de cette recrudescence du mal, l'animal dénote une très grande tristesse. Il tombe de temps à autre dans un état comateux plus ou moins prononcé ; l'œil devient morne. L'appétit diminue de plus en plus et cesse complètement, ainsi que la rumination. La salive, sécrétée en grande abondance, coule de la bouche sous forme d'une boue mousseuse.

A des excréments d'abord peu abondants, secs et coiffés de matières muqueuses, succède une diarrhée intense et très fétide.

Les mouvements respiratoires s'accélèrent de plus en plus, suivant l'étendue du poumon envahi et l'ancienneté de la maladie. La pression et la percussion de la poitrine laissent entendre des plaintes ; la toux s'aggrave, elle est toujours profonde, petite, avortée et d'un timbre plus grave qu'au début. Les poils sont ternes, secs et hérissés ; la sensibilité générale est très exagérée.

Arrivée à ce degré, la maladie peut se résoudre quelquefois par la guérison ; mais le plus habituellement, lorsqu'elle en est venue à ce point, elle progresse et a une tendance à se terminer fatalement. Quelle que soit d'ailleurs l'issue de l'affection, les signes symptomatiques du mal sont de plus en plus accentués et caractérisent la période dite de déclin.

PÉRIODE DE DÉCLIN. — La respiration devient alors de plus en plus difficile ; le pouls faiblit et s'accélère au point de s'effacer à peu près complètement. En même temps, les muqueuses extérieures perdent leur couleur.

Les mamelle deviennent flasques et flétries à l'excès ; la lactation cesse à peu près complètement ou ne fournit qu'un produit séreux. La débilitation extrême du malade le rend moins sensible aux attouchements extérieurs ; la température du corps de l'animal, d'abord très élevée, persiste tant que ce dernier n'est pas trop affaibli ; elle va alors s'amoindrissant toujours, bien qu'il ne se produise pas d'amélioration.

L'embonpoint du sujet disparaît totalement et fait place à une émaciation extrême des chairs.

Parvenue à cette période ultime, la maladie passe bien rarement à l'état subaigu ou à l'état chronique, mais se termine généralement par la mort.

La marche de la péripneumonie est plus ou moins rapide suivant que les lobes pulmonaires sont envahis dans une étendue plus ou moins grande, ou que la maladie se trouve localisée dans des régions plus circonscrites ; suivant, enfin, qu'elle est concentrée sur les plèvres ou les poumons à la fois. Les diverses races de l'espèce bovine, l'âge des sujets, leur tempérament, leur constitution, l'état de plénitude des femelles, et aussi les conditions hygiéniques au milieu desquelles vivent les animaux, exercent une influence marquée sur les ravages de la maladie de poitrine du gros bétail.

Diagnostic.

Il n'est pas toujours aisé de reconnaître la péripneumonie dans sa période de début. Il a déjà été dit qu'à son état originel il était facile de la confondre avec la péripneumonie ordinaire, la pneumonie, la pleurésie et la phtisie. Des méprises de ce genre, même chez les plus habiles en matière d'art vétérinaire, ne doivent étonner personne ; surtout quand la maladie débute dans une localité où il ne s'est pas encore produit de cas de transmission. En Béarn, toutefois, l'épizootie exerçant ses ravages depuis plus de vingt ans, il n'est pas exagéré d'affirmer qu'il y a peu de cultivateurs ou de détenteurs de bêtes bovines, à quelque titre que ce soit, dont le jugement soit surpris en défaut devant un animal présentant seulement les premiers symptômes de l'affection. Lorsqu'il y a doute, il serait à désirer, en vue d'enrayer promptement la marche du fléau soit dans l'étable où demeure le malade, soit dans les environs, que les cultivateurs et les éleveurs mettent un soin jaloux à *isoler* et à *séquestrer* les animaux qui présentent les signes d'une indisposition. La stricte observation de ces précautions s'impose tout particulièrement aux propriétaires qui renouvellent fréquemment leur bétail.

La Péripneumonie contagieuse dans le temps et dans l'espace ; son origine probable en Béarn.

La péripneumonie épizootique n'est pas une maladie nouvelle. Si on compulse les écrits et les ouvrages des philosophes, des poètes latins et des agronomes de la première heure, on acquiert la conviction qu'elle était connue dans l'antiquité. A mesure que fuit cette époque et que se rapproche le moyen âge, ses traces deviennent de plus en plus nombreuses. Encore faut-il arriver à l'année 1769 pour en trouver une description exacte, due à la plume de Bourgelat, le véritable créateur de la science hippiatrique en France.

Jusqu'en 1789 un caractère tout particulier de la péripneumonie est de sévir seulement sur la population bovine des pays de montagnes. Ainsi de 1765 à 1792 on ne l'avait vue exercer ses ravages qu'en Suisse, dans le Jura, le Dauphiné, les Vosges, l'Auvergne, le Piémont et la Haute-Italie. Cependant la vérité exige de signaler l'existence de quelques cas exceptionnels de cette maladie contagieuse dans certaines parties de la Champagne en 1769 et 1776, et du Bourbonnais en 1788. Mais alors c'est à peine si elle attirait l'attention, même des plus intéressés, tant étaient partiels et peu importants les dommages qu'elle causait à l'agriculture et à la fortune publique.

A partir des années 1789, 1790, 1791 et 1792, à la suite de la suppression des entraves apportées aux relations commerciales, on voit l'épizootie entrer dans une nouvelle phase. En France l'ère des libertés vient de surgir des ruines mêmes de la monarchie absolue terrassée par la Révolution. Mais aux frontières du pays l'étranger menace de toutes parts d'inonder d'hommes armés le sol de la patrie. A l'intérieur, la France présente l'aspect d'un immense camp retranché où les besoins divers des armées et des populations provoquent le mouvement et le déplacement d'un bétail considérable, dont les allées et venues vont avoir pour effet de disséminer la contagion péripneumonique et d'en augmenter l'intensité.

En effet, à la suite de ces armées, on la voit descendre des hauteurs où elle semblait s'être cantonnée jusqu'alors, s'étendre dans les pays de plaines et provoquer de grandes mortalités sur toute la surface de l'Europe.

C'est surtout dans les départements de la région du nord et du nord-est que le fléau a fait les plus nombreuses victimes. La première apparition dans le département du Nord remonte, d'après Delflache, vétérinaire à Avesnes, à 1822. Au témoignage de cet auteur, elle se serait déclarée surtout sur des animaux transportés de la Franche-Comté dans le Nord et destinés à l'engraissement. Durant les années 1823, 1824 et 1825, la maladie apparut dans les mêmes lieux et sous l'empire des mêmes conditions.

Vers la même époque, Wirt et Fabre signalaient la péripneumonie en Suisse ; Brogard et Michalon dans le Dauphiné ; Grognier dans le Rhône ; Tissot dans le Doubs ; Sajous dans les Pyrénées.

En, 1827 elle apparut de nouveau aux environs de Lille; d'où elle se répandit bientôt après dans les arrondissements de Dunkerque, de Hazebrouck, puis elle gagna ceux de Douai, de Valenciennes, de Cambrai, et revint ensuite dans celui d'Avesnes. Avant d'être signalée à Lille, on l'avait vue en Belgique, sur les bords de la Lys. Toutefois, suivant Verheyen, elle ne se serait manifestée dans cette contrée, pour la première fois, qu'en 1827 ; jusque-là, tout au moins, elle était passée inaperçue.

Enfin, en 1840, elle s'est déclarée pour la première fois dans la vallée de Bray, dans les riches pâturages de l'arrondissement de Neufchâtel et dans la vallée de Dieppe.

Elle apparut d'abord chez un seul propriétaire.

On la vit à quelques lieues de là, l'année suivante.

En 1842, 43, 44 et les années d'après, elle s'est propagée dans plusieurs départements.

Depuis cette époque l'épizootie a régné constamment en France.

De plus, il est peu de contrées en Europe qui n'aient été témoins de son apparition.

En Italie, en Suisse, en Autriche et dans tout l'empire d'Allemagne, en Hollande, en Belgique, en Angleterre, la péripneumonie existe d'une manière permanente. Dans ces diverses contrées elle a suivi, de même que dans nos départements français, les importations du bétail. Ainsi la Prusse l'a communiquée, en 1833, à la Hollande, et la Hollande à la Belgique, en 1837. La Hollande a encore propagé le mal en Angleterre vers 1840, et, plus récemment, au cap de Bonne-Espérance, en Amérique et en Australie.

Ce serait dépasser les bornes assignées d'avance à ce travail que de décrire minutieusement la marche de la péripneumonie, comme maladie épizootique, dans les différents Etats de l'Europe et du Nouveau-Monde, voire même dans nos départements français où elle s'est répandue par suite des transactions commerciales. Par contre, il importe de remonter à la date de l'apparition et de suivre les progrès du fléau dans les Basses-Pyrénées. N'est-il pas en effet, à la fois utile et instructif de faire, autant que possible, la lumière sur des questions d'un si haut intérêt pour la culture et l'élevage ?

Le premier cas de péripneumonie contagieuse, constaté dans les Basses-Pyrénées, se manifesta en 1861, non loin de Saint-Jean-de-Luz (arrondissement de Bayonne) et devint l'objet d'une constatation officielle à la suite des circonstances suivantes :

Les vétérinaires de la localité, appelés à se prononcer sur la nature de l'affection, crurent découvrir les symptômes du Typhus ou Peste bovine. L'administration ne s'en tint pas au diagnostic porté et chargea M. Lafosse, alors professeur de clinique à l'Ecole vétérinaire de Toulouse, de se rendre sur les lieux afin de juger le cas par lui-même et sur place. Le délégué ministériel se trouva en présence de la péripneumonie contagieuse et rendit compte de sa mission en adressant à l'autorité supérieure un rapport sur ses constatations.

Si le lieu et la date de l'apparition du fléau dans les Basses-Pyrénées ne sont plus actuellement contestés par personne, il n'en est pas de même de son origine. Beaucoup se demandent encore d'où est venue la contagion? A quoi bon nombre de vétérinaires des plus autorisés répondent qu'elle a été importée dans le département par des bœufs espagnols ; d'autres, non moins méritants, mais en plus petit nombre, nient cette origine et l'attribuent aux causes générales d'infection, c'est-à-dire aux déplacements des animaux de l'espèce bovine, provoqués par le commerce du bétail et les nécessités inhérentes à ces spéculations. Dans quel camp est la vérité ? On ne saurait être affirmatif en pareille matière. D'ailleurs cette divergence d'opinions sur la provenance du mal est d'un intérêt purement secondaire. Si cependant il importait de trancher la question ; il y aurait de fortes présomptions pour admettre que les Basses-Pyrénées doivent à l'Espagne le premier cas de contagion. Les plus valables des arguments à invoquer à l'appui de cette opinion sont :

1° Que la péripneumonie contagieuse existait de l'autre côté des Basses-Pyrénées avant sa première apparition dans la Basse-Navarre ;

2° Que le premier cas de cette maladie a été constaté non loin des frontières espagnoles et peut être attribué, non sans motifs fondés, à l'importation dans les Basses-Pyrénées des bêtes bovines atteintes de la contagion ;

3° Que si, à partir de l'application de la loi du 21 juillet 1881 sur la police sanitaire des animaux domestiques, on consulte les tableaux dressés annuellement par MM. les vétérinaires sanitaires et délégués, tableaux relatifs au nombre de sujets abattus et inoculés, on constate que chacun des trois arrondissements les plus voisins de l'Espagne ont toujours fourni un nombre de malades beaucoup plus considérable que l'un ou l'autre des deux plus éloignés.

Voici du reste pour l'édification du lecteur, puisés dans des documents officiels et, par suite, susceptibles d'être contrôlés par toute personne intéressée, les chiffres instructifs contenus dans ces tableaux :

TABLEAUX représentant, année par année, dans chaque arrondissement du département des Basses-Pyrénées, le nombre d'animaux abattus ou inoculés pour cause de péripneumonie, en exécution de la loi du 21 juillet 1881.

ANNÉE 1881-1882 **(Du 1er août 1881 au 1er juillet 1882.)**	ANIMAUX	
	ABATTUS	INOCULÉS par suite du contact
Arrondissement de Pau	29	64
— d'Oloron	26	121
— de Mauléon	33	71
— de Bayonne	178	696
— d'Orthez	64	196
TOTAL au 1er juillet 1882	330	1.148

ANNÉE 1882-1883

(Du 1er juillet 1882 au 1er juillet 1883.)

	ANIMAUX	
	ABATTUS	INOCULÉS par suite du contact
Arrondissement de Pau	122	321
— d'Oloron	123	513
— de Mauléon	361	1.279
— de Bayonne	488	2.256
— d'Orthez	283	946
TOTAL au 1er juillet 1883	1.376	3.345

ANNÉE 1883-1884

(Du 1er juillet 1883 au 1er juillet 1884.)

	ANIMAUX	
	ABATTUS	INOCULÉS par suite du contact
Arrondissement de Pau	146	475
— d'Oloron	27	76
— de Mauléon	205	769
— de Bayonne	393	1.263
— d'Orthez	267	709
TOTAL au 1er juillet 1884	1.033	3.292

Un simple coup d'œil, jeté sur les cadres ci-dessus, permet de se convaincre que chacun des trois arrondissements les plus à proximité de la frontière espagnole, c'est-à-dire ceux de Mauléon, Bayonne et Orthez, comptent annuellement un nombre d'animaux abattus et inoculés supérieur, toutes proportions gardées, aux chiffres présentés par les arrondissements d'Oloron et de Pau.

Encore une fois il ne s'ensuit pas de ce fait que le premier cas de contagion, constaté en 1861 aux environs de Saint-Jean-de-Luz, provienne nécessairement des régions frontières transpyrénéennes ; mais on doit voir dans l'existence même de ce voisinage une source pernicieuse et permanente de la persistance du fléau parmi la population bovine des Basses-Pyrénées ; cela, à cause de la présence de la maladie péripneumonique dans un pays où ne subsiste aucune loi de police sanitaire et où, tous les ans, notre bétail des cantons limitrophes du territoire espagnol séjourne pendant plusieurs mois à la montagne et se trouve en contact avec les troupeaux de nos plus proches voisins. D'ailleurs il n'y a pas lieu ici de s'appesantir sur les conséquences fâcheuses de ce contact, duquel il sera parlé plus longuement dans un chapitre traitant de la recherche des causes de la persistance, depuis vingt-quatre années, de la maladie en Béarn.

Pour en finir avec l'historique du fléau, il importe d'ajouter qu'il n'a attiré d'une manière spéciale l'attention des savants qu'au milieu du XIXe siècle. En 1851 l'illustre agronome Yvart, l'Arthur Young français, appelait dans un rapport au ministère de l'agriculture l'attention des éleveurs sur le caractère contagifère de la péripneumonie par la cohabitation prolongée. On lit dans ce document que sur 46 animaux mis en expérience, 40 contractèrent la maladie et que 6 seulement se montrèrent réfractaires. A la même époque le docteur belge Willems recourait à l'inoculation expérimentale de la péripneumonie pour conférer l'immunité. Depuis 1851 jusqu'à nos jours, les études patientes et les recherches infatigables d'une foule de savants ont jeté un nouveau jour sur les maladies contagieuses et tout particulièrement sur leurs causes et leurs modes de transmission. Nous relatons dans le chapitre suivant le résultat de ces divers travaux concernant la cause d'un fléau si préjudiciable à des intérêts nombreux et divers.

Étiologie de la péripneumonie contagieuse.

De la constatation ancienne et invétérée d'un fait, il ne s'ensuit pas forcément que la cause provocatrice de celui-ci appartienne au domaine des connaissances généralement possédées. Pareille vérité abonde en preuves et a longtemps trouvé un complément de sanction dans l'ignorance où l'on était de l'agent provocateur de la maladie péripneumonique, bien que cette affection ne soit pas de date récente. La présence en apparence soudaine de cette épizootie dans des localités où elle n'avait pas cessé de régner, tout en étant moins grave, a souvent fait croire à son développement spontané. Il n'est pas rare encore de nos jours de trouver nombre de personnes réputées instruites, même parmi les vétérinaires, dont les croyances et les théories spontanéistes en matière de maladies contagieuses nous montrent ces dernières comme apparaissant d'emblée, de toutes pièces et sans cause provocatrice. Mais le domaine de la spontanéité se resserre de plus en plus ; la lumière se fait et les idées anciennes tendent à disparaître au grand profit de la police sanitaire. On peut avancer aujourd'hui, grâce aux merveilleuses découvertes de l'illustre M. Pasteur, et aux laborieux travaux de savants tels que Toussaint, Chauveau, Arloing, Cornevin, etc., etc., que les affections contagieuses ne naissent pas spontanément.

Les partisans du *nihil ex nihilo* sur le terrain de la spontanéité en matière de maladies épizootiques ne s'avouent pas encore vaincus, mais essayent de masquer leur défaite réelle en attribuant à cette catégorie d'affections des causes non spécifiques. Pour eux la *maladie de poitrine du gros bétail* provient de circonstances diverses inhérentes à une hygiène vicieuse imposée aux animaux de l'espèce bovine, soit à l'étable, soit dans l'alimentation ou encore à tout autre motif sous la dépendance directe des conditions générales du régime imposé. Lancés dans cette voie, ils soutiennent que la péripneumonie contagieuse est due à un air trop sec ou trop humide, trop chaud ou trop froid, à un excès comme à un manque de travail ; néanmoins, l'excès de travail, pendant la chaleur et la sécheresse, serait, suivant eux, la cause la plus fréquente de cette maladie, ainsi que l'insalubrité des étables ou l'air manque et est vicié.

Aujourd'hui tous les esprits éclairés et exempts de parti pris, laissant les ignorants et les entêtés s'attarder à la recherche de causes occasionnelles pour expliquer l'apparition de la péripneumonie, ont, à la suite d'un grand nombre d'expérimentateurs français et étrangers, dont les noms sont Pollender, Brauel, Davaine, Willems, Yvart, Delafond, Bouley et Pasteur, pour ne citer que les plus célèbres, adopté la théorie parasitaire comme principe immédiat de l'existence de l'affection dont il s'agit. La *contagion*, pour dire le mot, c'est-à-dire la *transmission* de la maladie par le contact d'un animal malade avec des sujets sains, voilà l'unique et exclusive cause efficiente de la péripneumonie. L'agent morbigène de la contagion réside en entier dans l'existence d'un *contage* ou *virus* émanant d'un malade. Pour la péripneumonie ce *contage* ou *virus* est appelé *contage* ou *virus péripneumonique*.

Indépendamment de l'opinion possédée par les savants ci-dessus dénommés et en dehors de leurs travaux et expériences journalières, la démonstration du caractère contagieux de la maladie de poitrine du gros bétail a un surcroît de sanction dans de nombreux faits d'observation et d'expérimentation. Quoi de plus propre, en effet, à confondre les partisans de la spontanéité et des causes occasionnelles en matière de péripneumonie, que de leur montrer son apparition dans certains pays où elle n'avait jamais été observée avant d'y avoir été importée ; bien que dans ces mêmes pays les animaux fussent exposés aux refroidissements et nourris avant comme après l'importation de la maladie.

Caractères et propriétés du virus péripneumonique.

La contagiosité du fléau étant pleinement démontrée et constatée par tous les hommes experts dans l'art vétérinaire ; le moment est venu d'étudier les caractères et les propriétés de l'agent propagateur du mal, agent désigné plus haut sous le nom de contage ou virus péripneumonique. Ce dernier n'est autre chose que la semence qui, s'étant régénérée, multipliée dans un individu malade, peut passer de cet individu chez un ou plusieurs autres animaux sains, se multiplier de nouveau et déterminer chez eux la maladie observée chez le premier. Le virus est donc l'agent essentiel, indispensable pour la contagion, la transmission. Il existe sûrement dans le liquide pulmonaire, dans le liquide exsudé par les plèvres, en grande quantité dans le poumon du malade. On le trouve aussi dans les produits sécrétés par la muqueuse respiratoire, quand il y a jetage, état catarrhal. On doute encore de sa présence dans le sang et dans certains produits de sécrétion. On soupçonne enfin, sans démonstration probante, qu'il peut exister, dans certains cas, dans la salive des malades.

Le virus péripneumonique, excrété et transporté au dehors de l'économie animale, peut conserver ses propriétés pendant un certain temps, variable suivant les causes de destruction auxquelles il est soumis. Ainsi le microbe qui l'habite ne serait pas tué immédiatement après son passage de l'organisme à la surface des solides, dans les fourrages, sur les litières, sur les crèches, sur les mangeoires, dans les boissons, dans l'air. Mais la durée de cette conservation, qui du reste doit être subordonnée aux variations de température et de l'atmosphère et au degré d'aération, n'est pas encore exactement connue aujourd'hui. Cependant, au dire de quelques auteurs, il pourrait se conserver pendant plusieurs mois ; il n'y a rien en cela d'invraisemblable, mais il n'est pas toutefois possible de se prononcer formellement, dès aujourd'hui, à ce sujet.

Divers modes de contagion de la péripneumonie.

La conservation, pendant un temps plus ou moins long, du contage péripneumonique rejeté hors de l'organisme étant admise, il est de la plus grande importance d'indiquer les influences dominant la contagion et de signaler les voies par lesquelles la maladie est transmise d'un animal malade à un sujet sain. Si la matière virulente, déposée sur des aliments, rateliers ou mangeoires, ou en suspension dans une atmosphère confinée d'une étable, est ingérée ou inhalée par des animaux indemnes, il y a contamination, contagion, ensemencement de l'agent morbigène et, comme conséquence, il y a répullulation du virus et reproduction de la péripneumonie. La transmission de la maladie s'explique donc par la multiplication, la répullulation de ses germes. Or ces derniers, dans la maladie de poitrine du gros bétail, circonstance d'autant plus fâcheuse et néfaste, sont susceptibles d'être mis en rapport avec des animaux sains par des intermédiaires multiples. En effet le véhicule du micro-organisme peut être, solide, liquide ou gazeux. Signaler ces faits, c'est assigner à la transmission naturelle trois modes principaux, savoir :

1° *La contagion immédiate ou directe*, lorsqu'il y a contact de l'animal malade avec l'individu sain ; dans ce cas c'est l'animal malade qui transmet lui-même sa maladie à l'animal sain.

2° *La contagion médiate ou indirecte*, lorsque le virus péripneumonique est apporté à l'animal sain par des véhicules externes, solides ou liquides.

3° *La contagion volatile ou l'infection*, lorsque le germe de la maladie est en suspension dans l'air, qui est respiré par l'animal sain et lui communique ainsi la maladie.

Dans un but de curiosité, de recherche ou d'étude prophylactique, la transmission de la péripneumonie peut encore être obtenue par voie expérimentale suivant plusieurs modes. Sous l'influence de l'un ou de l'autre de ces mobiles, l'investigateur peut provoquer la contagion par contact immédiat ou direct, c'est-à-dire en introduisant un animal malade au milieu de sujets sains. Nul homme de l'art vétérinaire, si peu soit-il au courant des choses de sa profession, n'ignore les célèbres expériences poursuivies par la commission française, présidée par M. H. Bouley et nommée en 1849 par M. le ministre de l'agriculture pour étudier la péripneumonie, pour démontrer péremptoirement que le mal est susceptible de se transmettre des bêtes malades aux animaux sains, par voie de cohabitation, c'est-à-dire par transmission expérimentale. Nul n'ignore non plus la scrupuleuse exactitude et les minutieuses précautions contre toute chance de fausse interprétation des faits observés qui présidèrent les actes du corps délégué. On se rappelle que 46 animaux furent exposés à la contagion par l'introduction au milieu d'eux d'un sujet malade. Sur ce nombre 15 furent très gravement atteints et moururent, après avoir présenté tous les symptômes de la péripneumonie ; on reconnut aussi à l'autopsie les lésions de cette maladie ; 19 autres devinrent malades, présentèrent les mêmes symptômes, mais se rétablirent, les uns complètement et les autres incomplètement ; sur 6 qui n'avaient pas présenté les symptômes de la maladie, on trouva à l'autopsie les lésions de la péripneumonie. Donc sur 46 animaux mis en expérience, 40 contractèrent la maladie, et 6 seulement furent réfractaires.

A côté de la transmission immédiate ou directe, l'expérimentateur peut encore propager la maladie par le contact *médiat* ou *indirect*, c'est-à-dire recourir à l'injection hypodermique en inoculant le virus péripneumonique au moyen de la lancette. Mais la place n'est pas ici à de longues dissertations sur la transmissibilité de la péripneumonie par voie d'inoculation, méthode prophylactique propre à enrayer la marche du fléau et à laquelle il sera consacré un chapitre spécial. Pour le moment il importe surtout de bien connaître la marche naturelle du fléau dans ses divers modes de contagion et les voies par lesquelles le virus peut pénétrer dans l'économie animale.

Ainsi qu'il a été dit, la contagion immédiate est possible ; et il est vraisemblable que, dans les habitations où les bêtes bovines sont entassées, les malades peuvent, en léchant ou en flairant leurs voisins, leur transmettre très facilement la maladie. Mais dans ces cas la contagion médiate et la contagion par l'air peuvent aussi avoir leur part, car les sujets sains sont susceptibles de recevoir le virus par les aliments, les boissons, les crêches, les mangeoires et l'air que les malades ont souillés. Or, dans de pareilles circonstances, il est fort difficile, sinon impossible, de déterminer quelle est la cause réelle de la contagion.

La transmission par l'air est aussi possible ; mais elle ne l'est que dans une atmosphère confinée, lorsque les bêtes atteintes sont dans le même local que les sujets sains. Elle semble absolument impossible ou très rare à l'air libre. Ainsi les animaux habitant une ferme voisine d'une autre ferme infectée ne peuvent pas évidemment contracter la maladie à cette distance. La contagion volatile n'est pas non plus possible quand des sujets sains se trouvent rapprochés des malades dans le grand air ; mais, dans la même habitation, une bête saine peut contracter la maladie par contagion volatile, et ce qui le prouve, c'est qu'on a constaté des cas de propagation, lorsque des sujets sains étaient éloignés des malades ou séparés par des cloisons à claire-voie. De toutes ces considérations il résulte que les agents, les véhicules et les moyens, qui servent à l'ensemencement de la matière virulente dans l'organisme, sont en première ligne les aliments, les boissons, l'air ; c'est-à-dire que les véhicules du contage péripneumonique peuvent être solides, liquides, gazeux.

La connaissance exacte et précise des voies propres à introduire dans la machine animale l'agent virulent n'importe pas moins que celle des divers modes de contagion. Or, de nombreux faits d'expérimentation prouvent d'une façon irrécusable que la pénétration du principe morbigène peut être effectuée par trois voies bien distinctes, savoir :

1° *Les voies respiratoires ;*

2° *Les voies digestives ;*

3° *La voie utérine.*

La contagion volatile peut se produire, a-t-il été dit, dans une atmosphère restreinte et, à un plus haut degré, dans celle qui est confinée ; le virus est alors introduit dans les voies respiratoires.

Quant au rôle des voies digestives, il est impossible de le nier ; souvent la péripneumonie se transmet par la contagion médiate, par l'ingestion de boissons ou d'aliments souillés.

Enfin, on a observé des cas assez nombreux de transmission de cette maladie contagieuse de la mère au fœtus. Ce dernier fait n'a absolument rien de commun avec les lois qui dominent l'hérédité. Il tend simplement à prouver que les organes sexuels de la femelle peuvent servir de canaux pour le passage du germe morbide entre la mère et le fruit de sa parturition.

Les conclusions à tirer de l'exposé fait dans ce chapitre sont que la péripneumonie contagieuse est une maladie d'autant plus redoutable et meurtrière, que ses symptômes de début apparaissent plus lents et plus insidieux, et que ses modes, ses véhicules et ses voies de transmission sont plus nombreux.

Les causes du mal et de sa transmission étant connues, il appartient simultanément à l'initiative individuelle, à la compétence des hommes de l'art et à la sollicitude prévoyante de l'administration de réunir leurs efforts pour conjurer l'apparition du fléau ou pour l'éteindre promptement lorsqu'il sévit dans l'un ou l'autre de nos départements.

L'indication des mesures à prendre en pareil cas va faire le sujet des chapitres suivants.

Thérapeutique de la péripneumonie.

D'après les nombreuses statistiques dressées en Allemagne, en Angleterre, en Autriche, en Belgique, en France, en Hollande et en Italie, sur la mortalité des bêtes bovines occasionnée par la péripneumonie contagieuse, à une époque où les mesures de police sanitaire des animaux domestiques autorisaient encore le traitement thérapeutique de cette maladie, on constate que cent bêtes, affectées de la contagion et médicamentées suivant les prescriptions de l'art vétérinaire, doivent être démembrées de la façon suivante, savoir : trente-cinq animaux, soit plus d'un tiers, succombent sous l'empire du mal. Chez trente-cinq autres sujets la maladie passe généralement à l'état subaigu ou à l'état chronique ; alors les lésions se modifient et il peut se former un abcès ou des cavernes pulmonaires. Dans ces conditions les animaux restent maigres ; leur respiration est modifiée, difficile, irrégulière ; la fièvre est continuelle ; le pouls est petit, fréquent ; les animaux utilisent mal la nourriture qu'on leur donne ; quelquefois cependant ils peuvent prendre un certain état de chair, mais le plus souvent ils tombent dans le marasme et la consomption. L'affection peut, sous ce type, durer six mois, un an et plus, tout en restant contagieuse pendant tout ce temps. Les trente malades restant recouvrent en apparence les indices de la santé ; mais le plus souvent la guérison n'est pas réelle. Presque toujours il persiste certaines lésions et certains troubles fonctionnels. On en a la preuve en ce que la transmission de l'affection est encore possible. On dit avoir vu des faits de ce genre se produire au bout du huitième et même du quinzième mois après le rétablissement apparent.

Il y a donc lieu de considérer la péripneumonie comme longue à éteindre dans beaucoup de cas. Sous l'empire des considérations précédentes il était du devoir des pouvoirs publics de prendre des mesures propres à porter un coup mortel à ces foyers en quelque sorte permanents de contagion. C'est ce qu'ils firent en promulguant, le 21 juillet 1881, une loi sur la police sanitaire des animaux domestiques ; loi dans laquelle il est dit (1) que « dans le cas de péripneumonie contagieuse, le » préfet devra ordonner l'abatage, dans le délai de deux » jours, des animaux reconnus atteints de cette maladie » par le vétérinaire délégué......... » L'observation rigoureuse de ces dispositions légales interdisant tout traitement thérapeutique, il n'y a donc pas, par suite, lieu d'indiquer ceux qu'appliquaient pour la péripneumonie les vétérinaires avant la nouvelle législation sur la police sanitaire.

(1) Loi du 27 juillet 1881. Titre Ier, art. 9.

Prophylaxie de la péripneumonie contagieuse.

Les moyens propres à prémunir une localité, une contrée ou un pays contre l'introduction ou l'extension de la maladie de poitrine du gros bétail, relèvent soit de l'initiative privée, soit de l'intervention administrative, soit encore de l'union intelligente et raisonnée de ces deux forces réunies. Parmi les premiers moyens il faut citer tout d'abord *la vaccination générale volontaire ;* au nombre des seconds, les mesures de police sanitaire édictées par la loi du 21 juillet 1881 ; enfin, dans les troisièmes, la vaccination *générale ou partielle*, mais obligatoire. L'examen rapide de chacun de ces modes de préservation ou de défense, montrera les résultats qu'il y a lieu d'attendre de ces divers moyens prophylactiques.

Inoculation de la péripneumonie.

L'inoculation, dont la mise en œuvre n'est autre que l'introduction volontaire dans l'économie animale du contage péripneumonique, date du commencement de la seconde moitié du siècle actuel. En effet, dès 1850, un docteur belge, M. Willems, poursuivait le premier des expériences en ce sens sur le bétail de son père, distillateur à Hasselt, et sur celui de ses voisins. Vers la même époque, M. Yvart se livrait à des études sur cette maladie et consignait plus tard dans un rapport (1) que les animaux, une fois atteints de la péripneumonie, se montraient par la suite réfractaires à la maladie, de quelque façon qu'ils aient pu être exposés à la conta-

(1) Recueil, 3e série, t. VIII.

gion. Néanmoins ce moyen prophylactique fut longtemps l'objet de vives controverses, surtout, comme c'est d'usage, dans le pays où cette pratique a été appliquée pour la première fois. Au sujet des divergences d'opinions que suscitait le nouveau procédé, M. Raynal écrivait (1) les lignes suivantes : « Mais il appartient à l'expérience » et au temps de faire cesser toute dissidence à cet » endroit. On trouve dans l'histoire de toutes les ques- » tions de cette nature la répétition exacte des mêmes » péripéties. Il se trouve toujours une catégorie de gens » qui se croient obligés de repousser tout ce qui est » nouveau ; une autre catégorie qui le repoussent pour » l'unique raison qu'il ne vient pas d'eux ; enfin, une » troisième, composée de ces faux philosophes qui » prennent leur incrédulité systématique pour du doute, » et ne se déclarent jamais convaincus ; quelle que soit » l'évidence des faits qu'on leur oppose, ils trouvent » toujours qu'on ne leur a pas assez prouvé. » Aujourd'hui, en présence de nombreuses observations et d'expériences multiples, les plus sceptiques et les plus incrédules admettent généralement la valeur de l'inoculation comme moyen de conférer l'immunité, en transmettant une péripneumonie bénigne. D'ailleurs, si quelques personnes s'obstinaient malgré tout à nier encore la vérité en cette matière il suffirait, pour les ramener à une plus saine appréciation de la valeur du procédé, de mettre sous leurs yeux le nombre de vaccinations obligatoires effectuées dans le seul département des Basses-Pyrénées depuis 1882 jusqu'en 1884. Elles se convaincraient qu'en l'espace de deux années, sur 9,785 vaccinations effectuées par les soins de MM. les vétérinaires délégués et sanitaires, quelques bêtes seulement ont succombé après l'opération aux atteintes de la péripneumonie. Encore, pour ces faits d'exception,

(1) Traité de la police sanitaire des animaux domestiques.

aurait-on tort de suspecter la valeur du procédé prophylactique, attendu que tous les cas de mortalité causée par l'affection après l'inoculation ont dû être attribués soit à une mauvaise exécution de l'opération elle-même, ou bien encore à l'emploi d'un virus altéré et, par suite, impropre à provoquer dans l'organisme l'apparition de la maladie à l'état bénin. Toujours est-il que l'opinion unanime des hommes de l'art et les nombreux faits d'expérimentation, ressortant des chiffres imposants ci-dessus cités, constituent des garanties assez sérieuses pour permettre de considérer l'inoculation préventive du virus péripneumonique comme la barrière la plus puissante et la plus efficace à opposer à l'apparition ou à l'extension de la maladie contagieuse.

Si les propriétaires de bestiaux doivent considérer, pour toutes les raisons exposées ci-dessus, l'inoculation comme conférant une immunité *certaine* contre les atteintes de la péripneumonie, il n'est pas moins avéré que tout animal récemment inoculé doit être surveillé de près en raison même des accidents qu'entraîne quelquefois à sa suite la mise en œuvre de cette opération. Les plus graves conséquences que peut provoquer l'introduction volontaire du virus péripneumonique dans l'économie animale, est la mort du sujet vacciné. Cette perspective toutefois est entièrement insuffisante pour arrêter un seul instant un détenteur quelconque d'animaux bovins de recourir à ce procédé prophylactique. En effet, de deux choses l'une : ou bien l'inoculation est rendue obligatoire comme dans le cas d'étables contaminées ; et alors l'intéressé reçoit, après estimation, le montant intégral de la valeur de sa bête, si elle vient à succomber à la suite de l'opération : le propriétaire ne subit donc aucune perte ; ou bien l'inoculation est faite volontairement par le possesseur, qui a encore tout avantage à recourir à ce moyen préservatif pour mettre à couvert tous les animaux de son étable contre les atteintes du fléau, parce qu'il est de fait constant, que les cas de mortalité, provoqués par l'opération, sont tellement rares, qu'il a plus de 199 chances sur 200 d'échapper au danger et qu'il y va de son intérêt de préserver tout un lot de bêtes à cornes, dût-il courir les risques d'en perdre une sur deux cents. Ces faits sont indiscutables ; cependant, pour les renforcer encore, si c'est possible, il suffit de citer des chiffres puisés à des documents officiels et, par suite, susceptibles d'être vérifiés par toute personne intéressée à la question. Depuis le 1er avril 1881 jusqu'au 1er juillet de la même année, 1508 vaccinations obligatoires ont été pratiquées dans le département des Basses-Pyrénées. Sur ce nombre sept cas de mortalité ont été enregistrés comme étant la conséquence directe de l'inoculation ; soit, comme pertes éprouvées, 0,46 de bêtes par centaine de sujets opérés ; ou, plus simplement, un peu moins d'une demi-tête pour 100. Il importe d'ajouter que M. Delamotte, chef de la mission militaire envoyée en Béarn par M. le ministre de l'Agriculture pour combattre la péripneumonie a opéré pendant l'automne de 1881 un grand nombre de vaccinations volontaires et a eu la main assez heureuse pour ne compter aucune perte à enregistrer. Des témoignages aussi nombreux dispensent de plus amples développements.

Mais il arrive aussi que l'inoculation, sans avoir pour conséquence directe la mort du sujet, provoque chez ce dernier, au point opéré, un engorgement qui se propage, qui remonte jusqu'au tissu conjonctif du bassin, et qui peut se généraliser dans l'organisme. Si, dans ce cas, l'inoculé reste sans surveillance, le moindre dommage qu'il aura à supporter sera la perte totale de sa queue ; parfois il sera victime de complications plus graves. Il importe donc, pour les prévenir et, au besoin, pour les combattre, de suivre pendant quelques jours les effets de la vaccination et de ne pas perdre de vue l'animal inoculé. Les accidents fâcheux, ci-dessus signalés, quoique plus fréquents que les cas de mort, se produisent cependant assez rarement ; on les estime comme se manifestant, au grand maximum, dans la proportion de 2 ou 3 pour 100 bêtes opérées ; il n'y a donc pas lieu de trouver le procédé défectueux.

Enfin l'accident le plus souvent produit par l'inoculation consiste en un simple engorgement local, qui n'a rien de bien grave et qui peut tout au plus occasionner une mutilation insignifiante en provoquant la chute de l'extrémité de la queue. Quand l'engorgement s'étend, il y a lieu de recourir à un traitement énergique ; et ce qui convient le mieux dans ce cas, c'est de sectionner la partie malade, et de cautériser la surface de section ; on pourrait se contenter d'inciser longitudinalement la partie engorgée, et de la cautériser ou d'y appliquer la pommade stibiée (1). De quelque nature que soient d'ailleurs les complications concomitantes de la pratique de l'inoculation, il est bon de répéter ce qui a déjà été dit, c'est qu'elles ne doivent pas faire hésiter un seul instant le détenteur de bêtes bovines à employer ce moyen prophylactique ; attendu qu'elles ne se produisent jamais, toutes réunies, dans une proportion supérieure à 4 1/2 ou 5 pour 100, et sont une véritable exception chez les animaux jeunes, âgés de moins de six mois.

Il a été avancé par certains vétérinaires que la vaccination, pratiquée sur les animaux contaminés ou même malades, atténuait la gravité de la maladie ; d'autres, au contraire, en bien plus grand nombre, soutiennent qu'en pareil cas elle est absolument inefficace ; il semblerait seulement, d'après ces derniers, qu'elle accélérerait l'éclosion de l'épizootie chez les individus déjà

(1) Composé d'axonge et d'émétique en parties égales.

contaminés. Entre la première et la seconde de ces opinions, il est bien difficile de porter, même aujourd'hui, un jugement certain ; cependant l'expérience acquise par la pratique journalière semble donner raison aux partisans de l'inefficacité de la vaccination à atténuer l'intensité du mal chez les contaminés et les malades.

Une chose digne d'attention est la pratique même de l'inoculation. Le lieu où est faite l'introduction du virus péripneumonique est toujours l'extrémité de la queue. Pour faciliter à l'intérieur des tissus la pénétration du contage, on se sert de la lancette ou d'un instrument piquant quelconque, ou bien on pratique une incision à l'extrémité de la queue, qu'on fait ensuite baigner dans le produit morbide.

Le choix du virus n'est pas non plus à négliger ; on doit prendre la matière la plus pure : celle qui infiltre le tissu conjonctif interlobulaire du poumon ou le tissu conjonctif d'une autre région. Il faut recueillir cette matière avec précaution, soit sur des inoculés, soit sur des malades, ou bien encore sur des cadavres frais. Il est important d'employer autant que possible un produit clair, limpide, débarrassé de tout détritus organique et de l'inoculer superficiellement, sans produire de grands délabrements.

Comme moyen préventif et anti-prophylactique, l'inoculation péripneumonique est une arme à deux tranchants, dont l'un peut avoir comme levier une disposition législative et l'autre agir sous l'influence de l'initiative privée. De là deux applications bien distinctes de la vaccination ; elle est en effet :

1° *Partielle* et *obligatoire* comme dans le cas de l'art. 9 de la loi sur la police sanitaire des animaux domestiques ;

2° *Volontaire* et *soumise* au caprice et au bon plaisir de chaque propriétaire de bestiaux.

L'inoculation partielle et obligatoire est dominée

comme il a été dit, par des dispositions législatives spéciales dont il sera reparlé dans le chapitre suivant. Inutile donc de s'appesantir, quant à présent, sur ce sujet.

La vaccination volontaire, pour lutter victorieusement contre les atteintes de la péripneumonie, dans des circonstances de permanence et d'envahissement étendu comme celles qui dominent le département des Basses-Pyrénées, devrait être *générale*, c'est-à-dire appliquée à toutes les bêtes bovines de la circonscription, aussi vaste soit-elle, susceptible d'être envahie par la maladie. Malheureusement l'*ignorance*, *l'apathie* et la *routine* des détenteurs d'animaux bovins constituent trois obstacles invincibles pour l'emploi de cette méthode. Il n'y a rien de personnel dans cette opinion ; elle est partagée par tous les hommes de l'art et entre autres par M. Delamotte qui, dans un rapport daté du mois d'août de l'année 1884 et adressé à M. le Préfet, s'exprime dans les termes suivants : « La vaccination générale » volontaire, c'est-à-dire *sans indemnité*, ne s'obtiendra » jamais, malgré que les fermiers y aient un véritable » intérêt. Il n'y a que la vaccination générale *avec* » *indemnité* qui sera acceptée et que l'Etat peut toujours » imposer par une loi. La loi actuelle ne l'autorise pas ; » il faudrait demander aux législateurs un codicille à » cette loi en faveur des troupeaux basques perpétuel- » lement menacés. » Ainsi donc dans l'impossibilité reconnue et constatée d'amener les possesseurs d'animaux bovins à pratiquer l'inoculation *volontaire générale*, la voie à suivre est dans l'adjonction à la loi du 21 juillet d'un codicille, très simplement formulé, qui rendrait obligatoire, *avec indemnité*, la vaccination générale. Voilà assurément, au jugement de tous les hommes compétents, la mesure la plus propre à saper dans ses bases un fléau invétéré depuis vingt-cinq ans en Béarn, et excessivement meurtrier pour la population bovine de ce pays. Mais pour que son application frappe radicalement la contagion dans tous ses foyers, les troupeaux soumis à la vaccination ne devraient pas être seulement ceux des districts basques, mais encore toutes les bêtes à cornes du Béarn. Sans doute les esprits timorés, pointilleux et retors trouveront cette conception très belle en théorie, mais difficile à réaliser. Son exécution pourtant serait des plus simples et grèverait très peu soit le budget départemental, soit le trésor public ; voici comment :

Toutes les personnes initiées à l'organisation de l'Institut agronomique et de nos écoles nationales d'Agriculture savent que, chaque année, à la sortie définitive de la promotion la plus avancée, les élèves sortis parmi les premiers sont chargés, aux frais de l'État, soit d'une mission à l'étranger, ou envoyés comme stagiaires dans des exploitations agricoles, publiques ou privées. Grâce à ce prolongement d'études, les lauréats de nos écoles peuvent compléter et mûrir, sans bourse déliée, les connaissances agricoles qu'ils ont acquises. Il y a tout lieu de présumer que dans les écoles vétérinaires, bien voisines comme organisation des établissements d'enseignement agricole, la même faveur est accordée aux candidats ayant brillamment satisfait à l'examen de fin d'études.

Dès lors, étant admis que la vaccination générale soit rendue *obligatoire* par les pouvoirs publics pour les départements où l'affection péripneumonique se serait généralisée et invétérée, comme dans les Basses-Pyrénées, le ministère de l'Agriculture réaliserait de très sérieuses économies sur les indemnités payées par lui pour les bêtes abattues, et en même temps rendrait un réel service aux propriétaires de bestiaux des départements ravagés par l'épizootie, en déléguant, jusqu'à extinction du mal, des jeunes gens pourvus du diplôme de vétérinaire et venant de terminer brillamment leurs études. La mission de ceux-ci serait la même que celle poursuivie par la commission militaire pendant trois mois de l'automne 1884 et dont le résultat s'est manifesté par une diminution très grande de l'intensité du fléau. Dans un rapport au Conseil général (1) M. le Préfet des Basses-Pyrénées dépeint en quelques phrases très claires, très nettes et très précises le but visé par cette commission. « Combattre et rechercher le mal partout où il » existe ; éclairer nos agriculteurs grands et petits sur » la gravité du péril qui les menace et sur les dangers » auxquels les expose une trop grande insouciance, » lorsque la maladie a fait son apparition dans leurs » étables ; recommander enfin et imposer, si cela est » nécessaire, les mesures que la loi a rendues obliga- » toires, tel est le rôle de la commission militaire parmi » nous....» Tel serait aussi incidemment celui des jeunes gens envoyés par M. le ministre de l'Agriculture ; car leur fonction principale serait l'inoculation générale, rendue obligatoire, des bêtes bovines.

En considération du grand nombre de vaccinations à faire et de la vaste étendue du Béarn, il importerait de désigner autant de délégués que le département compte d'arrondissements ; en se basant sur ces considérations, il serait nommé une commission de cinq membres. Chacun d'eux agirait dans la circonscription désignée par M. le ministre de l'Agriculture ou par l'autorité préfectorale et serait sous le contrôle très indirect des vétérinaires sanitaires, mais sous les ordres immédiats des vétérinaires délégués. Ainsi constituée, elle ne présenterait aucun obstacle au fonctionnement normal du service sanitaire, régulièrement établi dans le département ; elle serait pour lui un auxiliaire puissant et dévoué, et assurerait l'exécution complète et intelligente des mesures édictées par la loi du 21 juillet 1881. Une

(1) Session ordinaire d'août 1884. Pages 106 et 107 du Rapport de M. le Préfet.

pareille organisation serait un grand bien pour les nombreux possesseurs de bêtes bovines et aurait pour résultat rapide d'être la source de grandes économies pour les fonds publics et pour le budget départemental.

En matière d'inoculation péripneumonique, la durée de l'immunité conférée est intéressante à tous égards. Malheureusement il est très difficile de se prononcer d'une manière absolue à cet endroit. Des auteurs prétendent que l'immunité conférée ou acquise a une durée moins longue chez les jeunes que chez les adultes ; elle est complète ordinairement et a une durée encore mal connue.

Mesures de police sanitaire relatives à la péripneumonie.

Les moyens prophylactiques contre la péripneumonie, dus à l'intervention des pouvoirs publics, relèvent de la loi du 21 juillet 1881 sur la police sanitaire des animaux domestiques. Cette loi a pour but de prévenir, d'empêcher, d'arrêter la propagation, la transmission des maladies contagieuses, de prévenir, de limiter les épizooties et d'en poursuivre l'extinction au moyen de certaines mesures plus ou moins rigoureuses. Elle prescrit, pour chaque affection de nature transmissible, des mesures obligatoires qu'il importe grandement aux propriétaires d'animaux de ne pas ignorer. Il est donc utile de transcrire ci-dessous les principales dispositions relatives à la péripneumonie et prescrites par la législation de 1881.

Par l'article 21. — Lorsque la péripneumonie contagieuse est constatée dans une commune : « le Préfet, par » un arrêté, déclare infectés le local, la cour, l'enclos, » l'herbage, le pâturage, dans lesquels a séjourné l'animal » malade, et détermine le périmètre dans lequel l'arrêté

» sera applicable, d'après le rapport du vétérinaire délé-
» gué. Cet arrêté est publié et affiché dans la commune
» et dans les communes voisines ; des écriteaux portant
» les mots : *Péripneumonie contagieuse* sont apposés à
» l'entrée des chemins conduisant à la ferme et sur les
» portes des locaux où la maladie a été constatée. »

Par l'article 22. — L'infection constatée donne lieu à l'application des mesures suivantes :

« 1° Mise en quarantaine des locaux, cours, enclos,
» herbages et pâtures déclarés infectés, impliquant dé-
» fense d'y introduire des bêtes bovines saines, et séques-
» tration des animaux suspects ;

» 2° Abatage des animaux malades et quelquefois même
» des suspects ;

» 3° Inoculation des animaux bovins dans les localités
» infectées ;

» 4° Immédiatement après l'abatage des animaux mala-
» des, évacuation complète et désinfection des locaux
» où a existé la maladie ; isolement et séquestration dans
» un autre local ou une autre pâture des animaux qui ont
» été exposés à la contagion ; marque de ces animaux ;

» 5° Dénombrement de tous les autres animaux de
» l'espèce bovine qui se trouvent dans les locaux, cours,
» enclos, herbages et pâtures compris dans la déclara-
» tion d'infection ;

» 6° Visite et surveillance, par le vétérinaire délégué,
» des locaux, cours, enclos, herbages et pâtures de la
» ferme ou de l'établissement où la maladie a été cons-
» tatée ;

» 7° Interdiction de vendre les animaux qui ont été
» exposés à la contagion ;

» 8° Interdiction aux hommes chargés de la garde des
» animaux et des soins à leur donner, de tout contact
» avec d'autres animaux de l'espèce bovine, et défense
» pour eux d'entrer dans des lieux renfermant des ani-
» maux de cette espèce ;

» 9° Obligation pour toute personne sortant d'un local
» infecté de se soumettre, notamment en ce qui con-
» cerne les chaussures, aux mesures de désinfection
» jugées nécessaires ;

» 10° Défense de faire sortir des locaux, cours, enclos,
» herbages et pâtures infectés, des objets ou matières
» pouvant servir de véhicules à la contagion, tels que :
» fourrages, pailles, litières, fumiers, harnais, couver-
» tures, laines, peaux, poils, cornes, onglons, os, etc.

» 11° Défense de déposer les fumiers sur la voie
» publique et d'y laisser écouler les parties liquides des
» déjections ; obligations de traiter ces matières confor-
» mément aux prescriptions des arrêtés administratifs. »

Par l'art. 23. — « Par exception aux dispositions de
» l'article précédent, le préfet peut, sur l'avis du vété-
» rinaire délégué, qui indiquera les précautions à
» prendre :

» 1° Autoriser la circulation, dans le territoire de la
» commune où se trouve le périmètre déclaré infecté,
» des animaux de travail qui ont été exposés à la conta-
» gion, quand ceux-ci sont jugés indispensables pour
» la culture du sol et les transports ;

» 2° La même autorisation peut être accordée pour
» la conduite, dans un pâturage désigné, des animaux
» qui ont été exposés à la contagion ;

» 3° Le préfet peut également autoriser la vente pour
» la boucherie, et le transport pour cette destination,
» des animaux qui ont été exposés à la contagion.

» Dans le cas de vente pour la boucherie, il est délivré
» un laissez-passer qui est rapporté au maire, dans le
» délai de cinq jours, avec un certificat attestant que
» les animaux ont été abattus. Ce certificat est délivré
» par l'agent préposé à la police de l'abattoir, ou par
» l'autorité locale dans les communes où il n'existe pas
» d'abattoir. »

En vertu du titre II et de l'art. 17 de la loi générale :

« Il est alloué aux propriétaires d'animaux abattus pour » cause de péripneumonie contagieuse ou morts par » suite de l'inoculation, en vertu de l'article 9, une » indemnité ainsi réglée :

» La moitié de leur valeur avant la maladie, s'ils en » sont reconnus atteints ;

» Les trois quarts, s'ils ont seulement été contaminés ;

» La totalité, s'ils sont morts des suites de l'inocula- » tion de la péripneumonie contagieuse.

» L'indemnité à accorder ne peut dépasser la somme » de 400 francs pour la moitié de la valeur de l'animal ; » celle de 600 francs pour les trois quarts, et celle de » 800 francs pour la totalité de sa valeur. »

Par suite des dispositions du règlement d'administration publique portant application de la loi du 21 juillet 1881 :

« La demande d'indemnité doit être formée, à peine » de déchéance dans le délai de trois mois à dater du » jour de l'abatage ou de la mort de l'animal qui a suc- » combé aux suites de l'inoculation. Elle doit être » formée par l'intéressé et adressée au ministre de » l'Agriculture par l'intermédiaire du Préfet du dépar- » tement ; elle doit être écrite sur papier timbré. Elle » doit être accompagnée des pièces suivantes :

» 1° Une copie, certifiée conforme par le Maire, de » l'ordre d'abatage ou d'inoculation ;

» 2° Un certificat du Maire attestant que l'ordre » d'abatage a reçu son exécution, ou, dans le cas de » mort par suite de l'inoculation de la péripneu- » monie, un certificat du vétérinaire attestant que l'ino- » culation est réellement la cause de la mort, ce dernier » certificat doit être visé par le Maire ;

» 3° Une copie certifiée conforme de la déclaration, » faite à la mairie par le propriétaire, de l'apparition de » la maladie dans ses étables ;

» 4° Un certificat du maire constatant que le proprié-

» taire s'est conformé à toutes les autres prescriptions
» de la loi ;

» 5° Une déclaration signée par le propriétaire, faisant
» connaître, pour chaque animal abattu, le produit qu'il
» a tiré de la vente des chairs et des débris laissés à sa
» disposition ;

» 6° Un certificat du maire de la commune attestant
» que les animaux abattus étaient en France depuis
» trois mois au moins.

» A ces diverses pièces seront joints par le Préfet,
» avant l'envoi du dossier au ministre de l'Agriculture :

» 1° Le procès-verbal d'estimation des animaux dressé
» comme il est dit plus haut ;

» 2° Le procès-verbal d'autopsie pour chaque animal
» abattu ou mort. »

En vertu du titre IV, art. 31. — « Seront punis d'un
» emprisonnement de deux mois à six mois et d'une
» amende de 100 à 1,000 francs :

» 1° Ceux qui, au mépris des défenses de l'administra-
» tion, auront laissé leurs animaux infectés communi-
» quer avec d'autres ;

» 2° Ceux qui auraient vendu ou mis en vente des
» animaux qu'ils savaient atteints ou soupçonnés d'être
» atteints de maladies contagieuses ;

» 3° Ceux qui, sans permission de l'autorité, auront
» déterré ou sciemment acheté des cadavres ou débris
» d'animaux morts de maladies contagieuses quelles
» qu'elles soient..........

» 4° Ceux qui, même avant l'arrêté d'interdiction,
» auront importé en France des animaux qu'ils savaient
» atteints de maladies contagieuses ou avoir été exposés
» à la contagion. »

Par l'art. 33. — « Tout entrepreneur de transports
» qui aura contrevenu à l'obligation de désinfecter son
» matériel sera passible d'une amende de 100 francs à
» 1,000 francs.

» Il sera puni d'un emprisonnement de six jours à » deux mois, s'il est résulté de cette infraction une » contagion parmi les autres animaux. »

Telles sont, dans leurs grandes lignes, les dispositions principales, relatives à la péripneumonie, de la loi du 21 juillet et du règlement d'administration publique rendu, pour son exécution, le 22 juin de l'année 1882. Devant cet ensemble de mesures sanitaires, un peu coercitives en apparence, on est en droit de se demander si elles sont propres à arrêter la propagation du mal et à atteindre promptement son extinction? Les résultats obtenus par leur application rigoureuse dans un grand nombre de localités, entre autres dernièrement dans le canton de Saint-Gaudens où le fléau s'était déclaré et menaçait de prendre un caractère envahissant, ne permettent plus de douter aujourd'hui de l'efficacité rapide de la législation de 1881. Cependant il importe de ne pas se méprendre ; si celle-ci donne des résultats prompts et certains, c'est à la seule condition d'être appliquée dans toute son intégrité et avec la plus grande rigueur.

On le voit, en fait de maladies contagieuses, la loi de 1881 a plutôt incliné du côté des mesures rigoureuses et sévères, qu'elle ne s'est inspirée des procédés bénins et des moyens termes préconisés, il n'y a pas dix ans encore, et dont M. Reynal a été un chaud partisan et un zélé défenseur. En effet, dans le remarquable *Traité de la police sanitaire des animaux domestiques*, publié par lui en 1873, sur les mesures de police relatives à la péripneumonie, on lit, dans différents alinéas, les lignes suivantes : « On voit que nos idées sur la police sanitaire » sont diamétralement opposées à celles des auteurs qui » ne voient d'intervention efficace de la part de l'auto- » rité, qu'à la condition qu'elle soit partout et toujours » armée d'une répression énergique. L'expérience a trop » de fois démontré l'inanité de pareilles mesures qui » sont souvent inapplicables dans les conditions actuel-

» les du commerce du bétail. Aussi tous les bons esprits » sont maintenant convaincus qu'il vaut mieux, pour le » but que l'on poursuit, éclairer que réprimer. »

Plus loin.......... « Dans toutes les circonstances » possibles, d'ailleurs, il est de la logique la plus élémen- » taire que le meilleur moyen de s'opposer à la propaga- » tion du fléau consiste à éviter les communications des » malades avec les animaux sains.

« Tout le monde est d'accord sur ce point, et veut » poursuivre le même résultat ; seulement, tandis que » les uns n'hésitent pas à préconiser les moyens les plus » violents, tels que l'obligation de la déclaration sous » peine d'amende, la marque, l'abatage des bêtes » malades et l'enfouissement de leurs dépouilles, etc., » le tout sanctionné par la prison, en cas de contraven- » tion ; les autres, et nous sommes de ce nombre, pen- » sent qu'il suffirait d'appeler l'attention des proprié- » taires sur quelques mesures très simples, et beaucoup » plus sûrement efficaces que tout ce fracas de défenses » et de pénalités. »

Plus loin encore : « Il y a donc plutôt lieu de faire » intervenir l'initiative privée, en la stimulant et en » l'éclairant par la publication d'instructions où seront » indiqués les faits sur lesquels l'attention doit se » porter, afin d'éviter la propagation de la contagion. » Ces instructions sont dans les attributions de l'autorité » municipale. Après avoir fait connaître le caractère » essentiellement contagieux de la maladie, elles insiste- » ront sur la nécessité de ne jamais introduire au milieu » de bêtes saines un animal nouvellement acheté et » provenant d'une région où sévit cette maladie, sans » lui avoir fait subir une quarantaine de trois mois au » moins dans une étable séparée. Elles feront com- » prendre aux propriétaires tout l'intérêt qu'ils ont de » déclarer immédiatement l'existence de la maladie » chez eux, quand elle s'y montre, et à faire abattre les

» animaux malades, pour livrer à la boucherie leur » viande qui peut être consommée sans inconvénient. »

Enfin, l'auteur achève son étude sur la péripneumonie par ces lignes : « Nous répéterons en terminant » que les pénalités comminatoires édictées par la législation n'ont dans cette œuvre qu'un rôle très secondaire à remplir. »

Ces citations, puisées dans les écrits d'un ex-directeur de l'école d'Alfort, indiquent suffisamment le penchant marqué de l'auteur vers des mesures sanitaires atténuées et douces plutôt que coercitives et répressives. Une maladie contagieuse vient-elle à éclater dans une localité, il faut procéder à l'instruction des habitants ; leur faire connaître le mal dans son origine, dans ses causes et dans ses effets ; en cela l'autorité municipale a un rôle important à remplir. A elle revient la charge de traiter pour ainsi dire à l'amiable avec le fléau et les populations menacées de ses ravages. Quant à l'intervention de l'autorité supérieure, elle ne doit se faire sentir que de très loin et surtout ne pas se manifester par un « fracas de défenses et de pénalités. » Il est vraiment commode, quand on vit au milieu de populations dont l'intelligence et la bonne volonté sont ouvertes aux enseignements de la science, et dont les tendances journalières sont de mettre à profit les progrès réalisés, oui, il est vraiment commode de parler d'instruire le monde et, du même coup, de lui rendre le concours de l'Etat, sinon inutile, du moins nullement indispensable. Mais si les intéressés, au lieu d'être avides d'apprendre, de connaître et d'utiliser les découvertes acquises, se trouvent sous la domination de préjugés si tenaces, d'une routine si invétérée, d'un entêtement si sottement invincible qu'ils rient et qu'ils se moquent de toute tentative d'enseignement contradictoire avec les conceptions extravagantes de leurs pauvres esprits, n'est-il pas juste, utile, nécessaire et indispensable que, si un fléau vient à menacer de tarir en partie ou en totalité la source importante de la prospérité d'une région ou d'un pays, une loi sévère et rigoureuse intervienne pour éviter le désastre et que l'autorité administrative veille de près à l'application et à l'exécution scrupuleuses de cette loi tutélaire ?

Sans sortir du département des Basses-Pyrénées, le parallèle établi entre les mesures de douceur préconisées par M. Reynal et les dispositions beaucoup plus coercitives de la nouvelle législation, est entièrement, sous le point de vue des résultats obtenus, en faveur de ces dernières. Qu'on se rappelle, en effet, la date de l'apparition de la péripneumonie en Béarn ; on se trouve transporté à l'année 1861. Or, depuis cette époque jusqu'à l'année 1882, on voit le fléau, sous l'empire de l'ancienne législation, prendre de l'extension, augmenter d'intensité et arriver à faire les nombreuses victimes que l'on sait. La loi du 21 juillet est votée, mais, en raison de l'organisation compliquée du service sanitaire, elle ne reçoit sa pleine et entière exécution qu'à partir de la fin de l'année 1882. Il est vrai que dès le mois d'août 1882 au 1er du même mois de 1883, sur tous les points envahis du département, une lutte acharnée est livrée contre la maladie avec les armes fournies par les nouvelles mesures sanitaires ; mais l'épizootie a pris de telles proportions et s'est tellement invétérée dans les étables, que les hommes de l'art se demandent encore, à la fin de 1883, s'ils arriveront à circonscrire le fléau et à éteindre les foyers d'infection. Toutefois la bataille engagée est poursuivie avec vigueur pendant toute l'année 1881 et, dès le mois d'août, tous les rapports des vétérinaires sanitaires, délégués et de la commission militaire s'accordent à signaler au Conseil général du département la décroissance notable du mal et à montrer l'espérance de le voir bientôt anéanti. Toutefois cette heureuse issue ne peut être logiquement désirée et promptement atteinte qu'autant que les dispositions de la loi du 21 juillet seront scrupuleusement observées par les possesseurs d'animaux bovins, et rigoureusement appliquées par MM. les vétérinaires délégués et sanitaires. Les pages suivantes vont en dire les raisons.

Causes d'extension et de permanence de la péripneumonie dans le département des Basses-Pyrénées.

Au nombre des causes ayant permis à la maladie de poitrine du gros bétail de se développer pendant vingt-quatre années dans les étables du Béarn et d'affecter un caractère envahissant, on doit citer en première ligne l'insuffisance des anciennes mesures sanitaires, en vigueur jusqu'en 1881, à arrêter la contagion.

La permanence de la maladie, malgré les dispositions rigoureuses, en apparence, de la loi du 21 juillet, tient en grande partie à l'inobservation fréquente de certains articles de la nouvelle législation. Toutefois, à propos d'infractions à la loi sanitaire, il serait souverainement injuste d'incriminer en rien soit l'autorité supérieure administrative, soit MM. les vétérinaires sanitaires et délégués. Au contraire, si la haute administration préfectorale et les hommes de l'art se sont jamais montrés dignes de la reconnaissance entière et méritée des cultivateurs, c'est, sans contredit, pour le zèle infatigable et le dévouement illimité dont ils ont fait preuve dans la lutte contre le fléau. Les seuls coupables de négligence et d'égoïsme sont les intéressés eux-mêmes, c'est-à-dire les détenteurs de bestiaux et, bien des fois aussi, fait regrettable à mentionner, l'autorité municipale. Oui, souvent, trop souvent, hélas ! le propriétaire, par apathie, ignorance ou égoïsme, use de ruse, d'astuce ou de faux fuyants pour désobéir à la loi. Distingue-t-il dans son étable une bête malade et montrant tous les symptômes de la péripneumonie, son premier mouvement n'est pas d'en faire la déclaration à qui de droit, il appelle à son aide l'empirique le plus proche, lequel, neuf fois sur dix, prescrit un traitement aussi ridicule que contraire à l'affection contagieuse. Trois ou quatre jours se passent ; l'état de l'animal s'est amélioré ou aggravé. Dans le premier cas, le propriétaire, après avoir hésité quelque temps à faire la déclaration, y renonce alors entièrement et ne s'inquiète souvent pas davantage d'empêcher la contagion d'atteindre ses autres bêtes ou celles de ses voisins. Mais, poussé par son intérêt personnel, et redoutant de plus grandes pertes, il saisit toutes les occasions fournies par la tenue des foires, pour se défaire des animaux suspects ; peu lui importe, du reste, de propager la contagion dans les localités voisines. Dans le cas d'aggravation de la maladie, le possesseur de l'animal atteint, devant la perspective d'une indemnité, se résout parfois, mais seulement *in extremis*, à accomplir la formalité de la déclaration. Mais alors que se produit-il fréquemment ? c'est que le sujet succombe avant l'arrivée du vétérinaire sanitaire ou délégué et, l'espoir d'une compensation pécuniaire disparaissant, on accuse la loi d'être violente, injuste et trompeuse.

L'appât d'une indemnité ne suffit pas toujours, dans la seconde hypothèse, à amener le propriétaire à se mettre en règle avec la loi. S'il possède un lot considérable de bêtes bovines, si le gros de ses spéculations exige le renouvellement fréquent des animaux de ses étables, très souvent il est tenté de paraître ignorer les dispositions législatives et se garde bien de faire la déclaration exigée craignant, s'il se soumet aux mesures sanitaires, d'immobiliser pendant trois mois, au moins, son capital vivant. Dès lors il soigne personnellement, ou fait soigner de son mieux par des mains étrangères, le plus souvent inexpérimentées, les animaux malades. De ces derniers, ceux qui succombent sont soigneusement dérobés à la surveillance de l'autorité municipale ; ceux au contraire dont la santé se rétablit en apparence sont vendus promptement ainsi que tous les autres sujets soupçonnés d'être contaminés. En présence d'infractions à la loi aussi répétées et aussi flagrantes, il n'y a pas lieu de s'étonner si la péripneumonie s'est tellement inféodée aux étables des Basses-Pyrénées, qu'elle n'ait cédé jusqu'à ce jour que très lentement et comme à regret devant les dispositions rigoureuses d'une loi tutélaire ; devant l'énergie déployée par le service sanitaire ; devant, enfin, les continuels efforts de l'autorité administrative à faire connaître et respecter les formalités prescrites.

Dans une circulaire adressée à M. le Préfet, à la date du 28 mars 1883, M. le Ministre montre, par les instructions qu'il y donne, sa connaissance parfaite des ruses et des détours employés par le cultivateur pyrénéen pour se soustraire à la loi. « Le fait » signalé, dit-il, par le Conseil général (1) ne résulte » donc pas, comme il le pense, des délais nécessités par » les exigences de la loi, mais bien plutôt de la lenteur » qu'apportent les propriétaires à faire leur déclaration. » Il arrive fréquemment à ces propriétaires de faire » soigner par des empiriques celles de leurs bêtes » bovines qui paraissent atteintes de péripneumonie, et » ce n'est guère que lorsque tout espoir de guérison est » à peu près perdu qu'ils vont faire à la mairie une » déclaration tardive. Que cette déclaration soit faite » en temps utile, et que les autorités, de leur côté, met- » tent de la vigilance et de la célérité dans l'exercice » des fonctions que leur attribue la nouvelle loi sanitaire, » et il n'y aura plus de cas aussi fréquents de pertes

(1) Conseil général des Basses-Pyrénées.

» avant l'achèvement complet des formalités prescrites. » La loi du 21 juillet édicte d'ailleurs des peines sévères » contre les propriétaires qui ne font pas la déclaration » de l'existence de la maladie dès l'apparition des pre- » miers symptômes, et contre les praticiens non pourvus » de diplômes qui se livrent à l'exercice illégal de la » médecine vétérinaire. Quelques applications de ces » clauses pénales rendraient peut-être plus circonspects » à l'avenir les propriétaires et les empiriques. » Dans cette même séance (1), l'honorable rapporteur de la péripneumonie, après avoir donné connaissance de la circulaire de M. le ministre de l'Agriculture, fit la lecture du rapport rédigé à ce sujet ; on y lit les lignes suivantes : « Mais les peines sévères qu'édicte la loi n'ef- » fraieront personne, ni les propriétaires, ni les empiri- » ques, parce que les uns et les autres se retrancheront » derrière leur incompétence absolue en médecine vété- » rinaire. Ils déclareront qu'ils ont agi de bonne foi et » que, si la loi les oblige, les uns à faire la déclaration » lorsqu'un animal de leur étable est atteint ou suspect » de péripneumonie, les autres à ne pas leur donner des » soins dans ce cas, elle ne leur donne pas, en même » temps, la science nécessaire pour distinguer cette » affection de celles qui frappent souvent leur bétail. De » ce chef donc, il n'y a rien à attendre ni à tenter. » Telle n'est pas assurément l'appréciation de tous les hommes vraiment intéressés à voir le département purgé d'une épizootie désastreuse pour le cultivateur et l'éleveur. On connaît assez, d'une part, l'égoïsme et la rouerie des propriétaires désireux de tromper la loi, de l'autre, l'astuce et l'audace de la pléiade effrontée des empiriques, pour savoir pertinemment qu'ils ne peuvent être amenés au respect de l'autorité qu'autant que celle-ci aura fait preuve de fermeté et d'énergie.

(1) Séance du 3 avril 1883.

Pour ces indisciplinés, la temporisation et l'indulgence administratives sont des marques de faiblesse ou d'indifférence ; la répression seule les rend timides et circonspects. Pour eux encore, un exemple juste et mérité, mais sévère et rigoureux, a dix fois plus de retentissement que cent cas de bienveillante indifférence ou de bonté calculée.

La preuve irrécusable de l'exactitude de cette opinion, est dans l'attitude humble et soumise qu'ils prirent, pendant l'automne 1884, en présence de la commission militaire, nommée par M. le ministre de l'Agriculture autant pour circonscrire le fléau que pour montrer à ces contempteurs de la législation que l'administration, à un moment donné, sait faire preuve d'autorité, même pour l'observation des lois sanitaires. Il est à déplorer, pour la prompte disparition du fléau, que cette commission ait été rappelée trop tôt du département des Basses-Pyrénées ; car maintenant les insoumis profitent de ce rappel pour lever la tête plus haut que jamais.

Les principales causes de la permanence de la péripneumonie, dues au mauvais vouloir du cultivateur, ou des propriétaires, étant signalées, il importe d'indiquer celles provenant de l'autorité municipale. Comment donc celle-ci peut-elle retarder l'heure de la disparition de l'épizootie et quel avantage trouve-t-elle à ne pas s'aider de tout son pouvoir à la poursuite de ce but ? Sans doute elle n'a aucun profit direct à perpétuer le fléau dans le pays ni à le voir augmenter d'intensité. Mais, dans une commune, quelque petite qu'elle soit, il y a tant d'intérêts divers à ménager ; tant de susceptibilités à ne pas froisser ; et puis, souvent, on est arrivé enfin à gérer les affaires de la commune après tant de luttes engagées, après tant de combats livrés et d'intrigues ourdies, qu'on ne peut vraiment pas, pour l'intérêt général, par des mesures énergiques susceptibles de déplaire à Jean ou à Pierre, ou à tous les deux à la fois, s'exposer à perdre soit un siège au Conseil municipal, soit surtout une écharpe de Maire, péniblement gagnée et longuement désirée.

Petitesse d'esprit, étroitesse de cœur, bassesse de sentiments, Messieurs les Maires, que ce cortège de pensées qui prétend faire passer l'ambition personnelle avant l'accomplissement du devoir ! Il n'a pas été dit, remarquez-le, que vous cherchiez le plus souvent à cacher à l'autorité préfectorale les cas de péripneumonie déclarés par le cultivateur ; vous n'auriez aucun motif plausible d'agir ainsi. Mais ce que les hommes réellement dévoués à leur pays ont le droit d'attendre de vous, c'est une manifestation plus grande et plus spontanée de votre vigilance et de votre célérité. Souvent, très souvent même, par crainte d'être désagréables à vos administrés, vous vous taisez sur les agissements tortueux et coupables d'empiriques, bien connus de vous comme indignes de tout ménagement et de toute bienveillance ; souvent encore, si vous informez l'autorité supérieure des cas de péripneumonie constatés par tous les habitants de votre commune, vous faites preuve de trop de timidité et de circonspection pour amener le cultivateur, que vous savez être plus ou moins enclin à résister à la loi, à faire la déclaration obligatoire et, en cas d'insoumission de sa part, à user vous-mêmes des droits que vous confère la loi. En votre qualité de premiers magistrat de votre commune, quand vous prenez une mesure à l'égard de vos administrés, vous êtes heureux et flattés de voir ces derniers s'y conformer docilement et en tous points. Songez que le même sentiment de satisfaction et de reconnaissance se retrouve chez les représentants de l'autorité supérieure, quand ils voient les efforts que vous faites pour obtenir le respect des décrets et des lois dont ils vous ont constitués les sentinelles avancées.

Une troisième cause de permanence de la maladie, celle-là nullement subordonnée aux infractions législatives par le cultivateur, ni à la plus ou moins grande activité déployée par l'autorité municipale, tient à la situation exceptionnelle des Basses-Pyrénées comme département frontière. Chaque automne, quelque temps après le retour des troupeaux basques des pâturages communs à la France et à l'Espagne, on remarque une recrudescence du fléau. La raison en est qu'au delà des Pyrénées françaises la péripneumonie existe et n'est l'objet d'aucune disposition sanitaire. Notre bétail, se trouvant pendant les beaux mois de l'été et de l'automne, sur les montagnes limitrophes des deux pays, en contact direct avec les troupeaux espagnols, contracte le germe de la maladie et va ensuite, à son retour, disséminer la contagion dans toutes les parties du département.

M. Delamotte indique dans un rapport à M. le Préfet les mesures propres à tourner la difficulté. « Mais il y aura toujours à craindre les invasions provenant de l'Espagne par les pâturages en commun sur les montagnes frontières. Il n'y a qu'un moyen d'éviter ces invasions : *c'est la vaccination générale* et répétée chaque année, un mois avant le départ des bestiaux pour la montagne. »

Vétérinaires et empiriques.

Un volume entier serait à écrire par celui qui voudrait dépeindre en détail ces charlatans effrontés, sans vergogne et ignares, connus sous la dénomination générale d'empiriques et appelés ici *rebouteux*, plus loin *coupeurs*, ailleurs encore *rhabilleurs*, et qualifiés de bien d'autres noms aussi anti-français qu'est anti-légale et anti-scientifique la profession qu'ils exercent. En Béarn, ces gens-là pullulent ; mais ils se distinguent de leurs congénères des autres départements, en ce que ces derniers montrent parfois une grande habileté de tour de main dans les opérations chirurgicales les plus usuelles, habileté acquise par un long exercice, tandis que les praticiens, c'est le qualificatif qu'ils se donnent eux-mêmes quand ils ont la modestie de ne pas usurper le titre de vétérinaire et de le faire peindre sur leurs enseignes, installés dans les Basses-Pyrénées, manquent à la fois d'adresse manuelle, de toute espèce de notions d'anatomie et de physiologie animale ; mais arrivent à capter la confiance des populations agricoles en les terrorisant par des menaces perpétuelles d'attirer sur elles quelque mauvais sort, ou de les livrer à un génie malfaisant ; en usant d'une audace et d'une impudence égales à leur ignorance et, enfin, en les aimantant par le bas prix de leurs services. Ils ne coûtent pas cher à la bourse du cultivateur ; pour quelques centimes, ils châtrent un goret ou un agneau ; leurs prétentions s'élèvent un peu quand les opérations sont plus compliquées, mais leur prix est toujours inférieur à celui des vétérinaires. C'est une garantie de faveur qui les place dans une situation tout à fait supérieure en face des vrais représentants de la médecine des animaux domestiques.

Dans les Basses-Pyrénées les anecdotes les plus plaisantes et les plus burlesques circulent de bouche en bouche sur le compte de ces parasites de la science vétérinaire ; mais elles ne suffisent pas à ébranler la foi du charbonnier que le paysan prête à leurs grossières impostures. Relater au hasard quelques faits caractéristiques de leurs agissements, c'est contribuer à mettre à nu l'inénarrable impudence des empiriques du Béarn.

Or donc, à huit kilomètres à l'ouest de la ville de Pau se trouve l'importante commune de Gan, dont la population ne compte pas moins de 3,272 habitants. Là, dans une maison perchée sur la hauteur, trône en maître, non seulement sur la population rurale de cette importante bourgade, mais aussi sur la masse des cultivateurs des communes voisines, un empirique de la pire espèce, dont la condition première était assez besogneuse, mais qui, actuellement, tout en avançant dans la voie de la puissance, marche également d'un pas assuré, sinon sur la route difficile d'une éclatante fortune, du moins sur le chemin d'un bien-être bourgeois. Or, les anciens du pays, se reportant d'une trentaine d'années en arrière, alors que la ferme-école existait encore à la propriété de M. Knowles, voient notre homme, aujourd'hui un des gros bonnets de l'endroit, venir chaque matin louer, moyennant un salaire de un franc par jour, ses bras pour le piochage des vignes ou pour tout autre travail grossier de l'exploitation agricole. Jusqu'à présent, rien d'extraordinaire, étant admis qu'il n'y a pas de sot métier et que chacun use de ses facultés suivant son bon plaisir. Or la ferme-école venant à disparaître, et son ouvrier agricole, trouvant probablement le métier un peu dur et pas du tout rémunérateur, conçut alors l'idée d'exploiter à son profit la crédulité publique. De quels moyens se servit-il pour débuter dans la carrière et capter la confiance des cultivateurs? C'est ce que tout habitant de cinquante ans d'âge racontera au curieux. Toujours est-il qu'il n'y a pas très longtemps il lui arriva, en l'exercice de ses fonctions vétérinaires, la plaisante histoire que voici : Un honorable habitant de Pau, possesseur d'un cheval auquel il était arrivé un accident qui avait eu pour conséquence l'apparition d'une boiterie, ayant entendu parler du médecin improvisé de Gan, eut l'étrange idée de conduire sa bête chez ce dernier. Arrivé sur les lieux, le cheval est remisé quelque part, tandis que son propriétaire va s'aboucher avec le farceur. Les voici tous deux en présence du malade ; sans retard, l'empirique procède d'un air capable et important à l'examen de la bête ; après quoi, se tournant vers le propriétaire, il lui déclare que l'accident subi est grave mais que pourtant, s'il consent à lui laisser pendant quelques jours son cheval en traitement, il ne désespère pas de le lui rendre guéri ; il ajoute que, pour montrer immédiatement l'efficacité de son remède, il va en faire *illico* une première application ; seulement il est de toute utilité qu'il reste seul dans l'écurie avec la bête. Le bourgeois insiste pendant quelques instants pour assister à l'opération ; peine perdue, il faut qu'il sorte absolument pour que l'opération réussisse. Tout au plus rassuré sur le traitement que va subir son animal, le propriétaire se conforme cependant aux ordres reçus, mais va s'embusquer au coin d'une lucarne, d'où ses regards peuvent suivre l'opérateur. A peine à son poste, oh ! spectacle étrange ! oh miracle de la science ! qu'aperçoit-il ? il voit notre homme se déboutonner et faire, en tournant, sur les membres du cheval, ce que tout mortel pressé d'uriner fait ordinairement à l'écart, loin des regards indiscrets, à l'ombre d'un pan de mur ou d'un buisson solitaire. Cette première opération terminée, il saisit une poignée de litière et se met à frotter d'importance les membres ruisselants de l'animal, jusqu'à ce qu'à la fin une légère vapeur se dégage de la peau et des poils. Le moment psychologique est arrivé ; notre automédon, ravi du succès, s'élance hors de l'écurie et ramène aussitôt à l'intérieur son client afin de lui faire constater *de visu* les heureux résultats que promet sa médicamentation. « Voyez, dit-il, votre bête va » déjà mieux ; elle avait besoin de suer et j'ai agi en » conséquence. » Sur quoi, le propriétaire courroucé, saisit une fourche à portée de sa main et, montrant la porte à l'empirique, lui signifia que, s'il ne voulait pas sur l'heure faire connaissance avec son arme, il n'avait qu'à filer au plus vite ; ce que fit sans plus tarder notre compère : on ajoute même qu'il regagna au pas de course la maison du haut de Gan. Mais, le plus souvent, ces audacieux ne se contentent pas d'appliquer aux animaux, à tort et à travers, les quelques remèdes qu'ils connaissent ; ils médicamentent aussi l'espèce humaine et ne craignent pas de se livrer sur elle aux opérations les plus délicates.

A Lasseube, chef-lieu du canton du même nom, distant de 10 kilomètres seulement de Gan, se trouve un empirique bien digne d'être étudié comme un modèle à la fois d'ignorance et de présomption. Celui-ci étend sa sphère d'action sur toutes les communes du canton et jouit d'un prestige considérable auprès des populations rurales de cette contrée, population subissant le joug d'une routine plusieurs fois séculaire et de préjugés grossiers et absurdes. L'homme dont il s'agit, ne dépasse pas d'ailleurs le niveau d'instruction de ses clients, attendu qu'il ne sait ni lire ni écrire et, de plus, il est d'une grossièreté remarquable. Voici dans quelles circonstances nous nous sommes connus : le lecteur nous excusera d'ailleurs de nous mettre ici, pendant quelques instants, directement en scène, car l'incident à relater nous est personnel. Étant de passage à Lasseube, en qualité de conférencier agricole, nous nous rendons à la Mairie à l'heure indiquée par nous sur nos affiches, afin de donner la causerie annoncée, ayant trait précisément à la péripneumonie et à la loi du 21 juillet 1881. Les auditeurs pénètrent à notre suite à l'intérieur de la salle, s'y installent de leur mieux et, au moment où nous allions prendre la parole, un des assistants, presque entièrement sous l'influence de vapeurs alcooliques, nous interpelle grossièrement, en nous demandant si nous avons le droit de parler de la péripneumonie contagieuse à Lasseube, alors que, lui, il traite dans tout le canton cette maladie, depuis trente-cinq ans, à la plus grande satisfaction des populations rurales. Sur le mutisme complet de l'auditoire et à la suite d'observations polies que nous lui faisons pour lui montrer qu'il a tort de déclarer publiquement, en présence du juge de paix du canton et de la gendarmerie de Lasseube, qu'il soigne les cas de péripneumonie, attendu qu'il n'en a ni le droit ni le pouvoir, voilà un homme qui éclate contre nous en injures et en invectives violentes, mais qui veut bien, cependant, nous laisser soupçonner sa haute compétence en matière de médecine, par l'exhibition de sa trousse de vétérinaire et d'un ouvrage dont il suit les prescriptions. Aussitôt dit, aussitôt fait ; le rustre sort de l'une de ses poches une vieille boîte à couteaux, à garniture intérieure toute défraîchie et, d'une autre des doublures de son habit aviné, un livre à couvertures jaunies par le temps. Il pose le tout sur la table et ouvre magistralement la boîte exhibée. Que contient-elle ? Oh ! surprise ! 1° Deux rasoirs à lames cassées à mi-longueur et ébréchées en forme de scie. « Voilà, nous dit-il en les montrant, mes bistouris et mes scalpels pour exécuter les opérations chirurgicales. » 2° Une vrille rouillée pour pratiquer la saignée. 3° Des clous de différentes grosseurs et des liens d'écorce de mûrier, le tout, nous assure-t-il, pour mettre des sétons. Les objets de la trousse passés en revue et l'usage de chacun d'eux expliqué, il ouvre magistralement le livre à l'envers, et nous le met entre les mains. Nous constatons qu'il porte le millésime de 1556 ; qu'il est écrit en une langue presque incompréhensible pour un homme instruit et qu'il traite, si la mémoire ne nous fait pas défaut, des signes précurseurs de la venue de l'Antechrist sur notre planète. Telles sont encore, à l'heure actuelle, les incroyables ressources dont dispose l'empirique de Lassoube pour exercer la médecine vétérinaire : *et nunc ab uno disce omnes.*

Le type de l'empirique le plus curieux à étudier à tous égards est celui que l'on rencontre dans la personne d'un fonctionnaire ou d'un administrateur ; d'un maire par exemple. L'empirique de cette espèce n'est pas rare dans les Basses-Pyrénées ; on pourrait même dire qu'il y fourmille et que le Béarn est sa terre d'adoption.

Inutile maintenant de multiplier de pareils exemples ;

tout le monde sait qu'ils abondent par le fait même de l'abondance des charlatans qui exploitent la crédulité publique dans les Basses-Pyrénées. Qu'on multiplie, en effet, le nombre de cantons du département par trois et on obtiendra à peu près exactement le total d'hommes ignorants, prétentieux et audacieux qui se livrent en Béarn à l'exercice de la médecine extra-légale.

« Cette situation, dit M. Sagnier (1), ne présente que » des inconvénients secondaires, quand il s'agit de » maladies ordinaires ; le cultivateur qui perd, par la » faute d'un empirique, un cheval ou une vache, ne peut » s'en prendre qu'à lui-même de son aveugle confiance. » Mais si l'animal malade est atteint d'une maladie » contagieuse, quatre-vingt-dix-neuf fois sur cent au » moins, l'empirique est incapable de la reconnaître, et » de prendre ou d'ordonner les mesures que le cas com- » mande. La maladie se développe chez l'animal malade; » elle gagne ceux qui cohabitent avec lui ; ceux-ci en » importent le germe au dehors ; tout un village, tout un » canton est rapidement infecté, quand parfois il eût » suffi de la séquestration rigoureuse de quelques » animaux pour arrêter le mal dans son premier foyer. » C'est donc avec raison qu'on a pu dire que les empiri- » ques doivent être comptés au nombre des agents les » plus actifs de la diffusion des maladies contagieuses.

» En même temps qu'ils luttaient contre les empiri- » ques par tous les moyens en leur pouvoir, les vétéri- » naires ont eu recours aux tribunaux. Par un arrêt » rendu en 1851, la Cour de cassation a décidé que le » titre de vétérinaire appartient aux seuls élèves des » écoles d'Alfort, de Lyon et de Toulouse, et que per- » sonne autre n'a le droit de s'en emparer. Cependant, il » arrive encore que les tribunaux de première instance » acquittent quelquefois des empiriques poursuivis pour

(1) *Dans les champs,* par Henry Sagnier.

» avoir usurpé ce titre. Mais les cours d'appel cassent » toujours ces jugements. »

Et maintenant à quoi bon discourir plus longtemps sur une maladie, dont l'origine, la nature, la cause et les caractères viennent d'être tracés si simplement, que l'intelligence la plus bornée et la moins cultivée n'a qu'à jeter les yeux sur cet écrit pour se faire une idée exacte du terrible fléau qui, depuis vingt-quatre ans, a fait tant de victimes parmi la population bovine des Basses-Pyrénées.

Toutefois, que le lecteur, au moment de vouer à l'oubli ce petit opuscule, se souvienne qu'à côté du mal, un moyen préventif sûr, souverain et infaillible a été indiqué; ce moyen est l'inoculation générale préventive, pratiquée sur toutes les bêtes à cornes du département. Depuis l'apparition de la funeste épizootie, cette inoculation préventive n'a jamais été appliquée, si ce n'est exceptionnellement pendant quelques mois et sur la demande d'un petit nombre de propriétaires éclairés par la commission militaire dont la présence dans les Basses-Pyrénées a été un signe manifeste de la sollicitude de M. le ministre de l'Agriculture pour les éleveurs et les cultivateurs de ce département. Or les résultats obtenus ont prouvé que l'inoculation préventive de la péripneumonie est une arme défensive aussi bonne que celle dont Genner dota l'humanité, dans les dernières années du XVIIIe siècle, pour la mettre à l'abri des ravages de la petite vérole. A l'heure qu'il est, les empiriques, ces parasites méprisables de l'art vétérinaire, restent seuls à nier systématiquement l'immunité conférée par l'inoculation préventive ; car ils savent que, du jour où celle-ci restera maîtresse du terrain, devant elle disparaîtra tout le fatras de leur médicamentation inepte et grossière. Mais le siècle actuel tend trop au progrès et à la vulgarisation de l'instruction, pour que les empiriques ne tardent pas à être confondus et à rentrer dans le clan des abuseurs éhontés de la crédulité publique.

Trop vulgarisée encore sera bientôt l'instruction pour que l'inoculation préventive de la péripneumonie ne se généralise pas promptement comme s'est généralisée l'usage de la vaccination de la petite vérole. A ce résultat doivent tendre les efforts des hommes instruits et réellement dévoués aux intérêts de leur pays.

INDEX

Pau. — Imprimerie GARET, rue des Cordeliers, 11.

www.ingramcontent.com/pod-product-compliance
Ingram Content Group UK Ltd.
Pitfield, Milton Keynes, MK11 3LW, UK
UKHW020957180726
13838UKWH00003B/1370

9 782329 358017